《中国移动源标准实施系列知识手册》丛书

丛书主编 丁焰 / 副主编 倪红

移动源环境保护标准实用手册

倪红　谷雪景　主编

中国环境出版集团·北京

图书在版编目 (CIP) 数据

移动源环境保护标准实用手册 / 倪红，谷雪景主编 .
—北京：中国环境出版集团，2019.9
（中国移动源标准实施系列知识手册丛书）
ISBN 978-7-5111-4110-1

Ⅰ.①移… Ⅱ.①倪… ②谷… Ⅲ.①移动污染源—
环境保护—环境标准—中国—手册 Ⅳ.① X501-65

中国版本图书馆 CIP 数据核字（2019）第 220029 号

出 版 人　武德凯
责任编辑　张维平
责任校对　任 丽
封面设计　彭 杉

出版发行　**中国环境出版集团**
　　　　　（100062 北京市东城区广渠门内大街 16 号）
　　　　　网　　址：http://www.cesp.com.cn
　　　　　电子邮箱：bjgl@cesp.com.cn
　　　　　联系电话：010-67112765（编辑管理部）
　　　　　发行热线：010-67125803，010-67113405（传真）
印　　刷　北京市联华印刷厂
经　　销　各地新华书店
版　　次　2019 年 9 月第 1 版
印　　次　2019 年 9 月第 1 次印刷
开　　本　787×1092 1/32
印　　张　2.375
字　　数　55 千字
定　　价　15.00 元

前 言

foreword

当前，移动污染源（以下简称移动源，包括机动车、非道路机械、船舶、火车和飞机等）污染问题日益突出，成为空气污染的重要来源。2017年，我国对京津冀大气污染传输通道城市（以下简称"2+26"城市）的细颗粒物（$PM_{2.5}$）来源解析结果表明，移动源对$PM_{2.5}$的贡献率为10%~50%。在极端不利的气候条件下，机动车排放对本地污染积累的作用更为明显。同时，由于机动车大多行驶在人口密集区域，尾气排放直接威胁群众健康。党的十九大将生态环境保护提到了前所未有的重要高度，打赢蓝天保卫战、守住绿水青山是建设美丽中国的重要篇章。2018年12月30日，生态环境部、国家发展和改革委员会、工业和信息化部、交通运输部、中国铁路总公司等11部门联合印发《柴油货车污染治理攻坚战行动计划》，柴油车污染治理成为打赢蓝天保卫战的重要战役。

环境保护标准作为实施生态环境管理的重要技术依据，在污染防治工作中发挥着重要作用。我国自1983年发布第一项汽车排放标准以来，在30多年的实践中，移动源环保标准和污染防治工作同步发展，在产品覆盖范围、排放控制要求和达标监管制度建设方面不断完善，可以归纳为三个发展阶段。第一阶段是机动车污染控制起步阶段（1983—1998 年），排放标准采用怠速法和强制装置法控制排放污染，实施主体主要是国家汽车行业主管部门和地方政府。第二阶段为移动源污染控制加快推进阶段（1999—2015 年），以淘汰含铅汽油、汽油车全面采用电喷加三元催化转化技术为标志性起点，伴随着燃油低硫化进程，汽车排放标准从国一前跨越到国四水平；标准体系逐步完善，制定和实施了摩托车、三轮汽车和非道路移动机械等排放标准；形成环保型式核准和生产一致性检查制度；以总量控制工作为抓手，促进各地政府和环保部门完善新车注册环节环保检验；在用车实施标志管理和检查维修（I/M）制度，重点城市划定高排放车控制区，鼓励高污染老旧车（黄标车）提前淘汰；加快燃油清洁化进程。自 2016 年进入第三阶段，即移动源污染控制创新发展阶段。汽车排放控制水平基本与国际先进水平接轨，排放标准制修订工作开始关注实际道路（或实际工作状态）排放，并注重创建和实施具有中国特色的监测方法和管理制度，移动源环保工作开创全新局面。新修订的《大气污染防治法》明确了生态环境部门对移动源的管理职责；对新车准入创新性实施信息公开制度，实现管理方式转化；

汽车国六标准的制定，充分考虑我国机动车污染物减排需求和车辆运行条件，测试要求适合我国国情，控制水平严于欧六标准；逐步强化对非道路移动机械和船舶的环保监管；生态环境部初步完成"天—地—车—企"全方位达标监管体系的建立；逐步开展"油—路—车"结构性调整优化，开展机动车船综合污染防治工作。

当前，移动源污染防治任务空前艰巨，从国家到地方，对环保监管能力提出了更高的要求，相关环保监管人员亟须全面掌握移动源排放标准的内容、要求、测试方法、主要排放控制技术、关键环保装置等，确保在环保达标监管中精准发力、有效实施。中国环境科学研究院机动车排污监控中心承担科技部大气专项"移动源排放标准评估及制修订方法体系研究"（2016YFC0208000），对我国移动源标准体系进行了系统的梳理和研究。在此基础上，我们编写出版一套具有较强针对性和实用性的移动源标准知识科普书籍，便于大家学习和使用。

《中国移动源标准实施系列知识手册》丛书将分册出版，分别介绍移动源标准体系，汽车、摩托车和非道路移动机械等各类移动源排放标准，排放标准测试技术和排放控制技术等内容。该丛书由中国环境科学研究院机动车排污监控中心组织技术力量研究编写。

本书为该丛书的第二册，梳理了现行有效的、重要的移动源排放标准，简要介绍排放标准的适用范围、控制要求和具体实施时间等主要内容，以便大家快速了解各标准的基本要求。相比于固定源排放标准，我国移动源排放标准较为复杂：一是具有技术法规的特征，标准文本中有大量管理内容，并且对新车和在用车有区别化要求，与固定源管理方式有较大差异；二是测试方法复杂，以汽车为例，仅是尾气排放就有多种测试方法，且测试工况复杂、分析精度要求高；三是达标判定方法较为复杂，新车生产一致性和在用符合性检查采用统计学方法进行达标判定，新发布的国六标准对此进行了适当的简化。通常来说，移动源排放标准至少包括六方面重要内容：①控制对象，即标准的适用范围。须说明标准适用的移动源类型、燃料种类等。②控制项目，指需控制的污染物。一般包括排气污染物（指一氧化碳、碳氢化合物、氮氧化物和颗粒物等）、燃油蒸发污染物、曲轴箱污染物等。③测试方法和排放限值。任何测试方法都有局限性，为更全面地考察移动源的排放状况，标准往往采用多种测试方法，并分别制定污染物排放限值。④排放控制和监控等技术要求，如失效装置要求、车载诊断（OBD）系统要求等。⑤管理规定，如生产一致性和在用符合性检查的方法和要求、质保期规定等。⑥标准实施要求，通常规定了标准实施的时间和区域等。

本书由倪红、谷雪景主编，其中第一章由谷雪景编写，介绍新生产汽车污染物排放标准；第二章由王明达编写，介绍新生产摩托车大气污染物排放标准；第三章由谊波编写，介绍新生产非道路移动机械和船舶大气污染物排放标准；第四章由孟庆斌编写，介绍在用机动车和非道路移动机械排放标准；第五章由谢琼编写，介绍我国移动源噪声标准的基本情况。

本书在编写过程中，得到了马海燕、袁盈等专家的指导和单位同事的大力支持，出版社的多位同志也为本书的顺利出版付出了很大努力，在此致以诚挚的感谢。

由于作者的知识水平和能力有限，书中难免有不妥之处，恳请广大读者不吝赐教和指正。

编 者

2019 年 3 月于北京

目 录

contents

第一章 新生产汽车排放标准

汽车按照整车重量、最高设计车速、燃料类型等区别分为四个类型：轻型汽车、重型柴油车、重型汽油车、三轮汽车；按照车辆的使用阶段，分为新车和在用车。目前，我国汽车排放标准发布情况如图 1-1 所示。

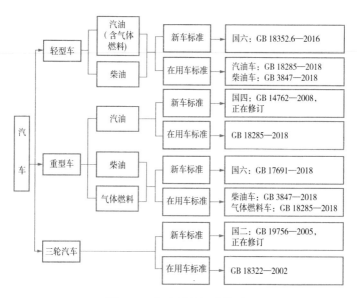

图 1-1　汽车排放标准体系

目前，我国新生产汽车排放标准涵盖交通法规允许上路行驶的、以内燃机为驱动力的所有汽车类型。下面逐一介绍新生产汽车排放标准。

一、轻型车

（一）轻型车国六标准

《轻型汽车污染物排放限值及测量方法（中国第六阶段）》（GB 18352.6—2016）

1. 适用范围

本标准规定了装用点燃式发动机的轻型汽车，在常温和低温下排气污染物、实际行驶排放（RDE）排气污染物、曲轴箱污染物、蒸发污染物、加油过程污染物的排放限值及测量方法，污染控制装置耐久性、车载诊断（OBD）系统的技术要求及测量方法。

本标准还规定了装用压燃式发动机、燃用天然气或液化石油气的轻型汽车等其他轻型汽车的污染物排放限值、测量方法及其他特殊要求。

本标准适用于以点燃式发动机或压燃式发动机为动力，最大设计时速大于或等于 50 km/h 的轻型汽车（包括混合动力电动汽车）；最大总质量大于 3 500 kg 的 M_1、M_2、N_1、N_2 类汽车。

2. 实施时间

型式检验：自 2016 年 12 月 23 日发布之日起，即可依据本标准进行型式检验。

销售和注册登记：自 2020 年 7 月 1 日起，所有销售和注册登记的轻型汽车应符合本标准的要求，其中 I 型试验应符合 6a 限值要求。自 2023 年 7 月 1 日起，所有销售和注册登记的轻型汽车应符合本标准的要求，其中 I 型试验应符合 6b 限值要求。

省、自治区、直辖市人民政府可以在条件具备的地区，提前实施本标准。提前实施本标准的地区，应报国务院环境保护主管部门备案后执行。

3. 主要排放测试及限值要求

《轻型汽车污染物排放限值及测量方法（中国第六阶段）》（GB 18352.6—2016）具有比较复杂的排放控制要求体系（图 1-2），下面介绍 I 型、II 型、IV 型和 VII 型试验的测试方法和限值要求，以及车载诊断（OBD）系统试验要求。

（1）常温下冷起动后排气污染物的排放试验（I 型试验）

该试验将汽车放置在带有负荷和惯量模拟的底盘测功机上完成，按照全球统一测试循环（以下简称 WLTC，由四个运行工况段组成，包括 589 s 的低速段、433 s 的中速段、455 s 的高速段、323 s 的超高速段，最高速度达到了 131 km/h）运行车辆，使用连续稀释采样系统进行排气取

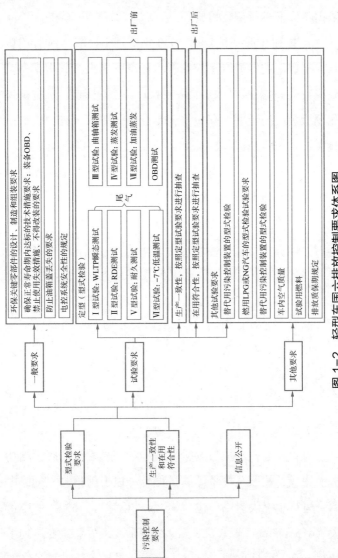

图1-2　轻型车国六排放控制要求体系图

样，对气态污染物和颗粒物进行分析和称量。国六限值分为 6a（表 1-1）和 6b（表 1-2）两个阶段。

（2）实际行驶污染物排放试验（RDE）（Ⅱ型试验）

实际行驶污染物排放试验（RDE）指车辆在实际道路上行驶 90~120 min，期间利用便携式排放测试设备（PEMS）进行尾气测试。此测试方法的运行工况具有随机性，是实验室测试程序的必要补充，能够有效避免类似"大众排放门"之类的排放作弊行为。

所有国六轻型车需进行实际行驶污染物排放试验，但在 2023 年 7 月 1 日前仅进行监测并报告结果，没有限值要求。

实际行驶污染物排放试验（RDE）结果包括市区行程和总行程污染物排放，均应不超过表 1-2 中规定的Ⅰ型试验排放限值与表 1-3 中规定的符合性因子（conformity factor，CF）的乘积。如在高海拔 1 300~2 400 m 的道路上进行 RDE 测试，则达标判定依据为排放限值乘以符合性因子再乘以 1.8（扩展系数）。

（3）蒸发污染物排放试验（Ⅳ型试验）

所有汽油车都必须进行此项试验。两用燃料车仅对燃用汽油进行此项试验。

表 1-1　Ⅰ型试验排放限值（6a）

分类		测试质量 （TM）/kg	限值							
			CO/ （mg/km）	THC/ （mg/km）	NMHC/ （mg/km）	NO_x/ （mg/km）	N_2O/ （mg/km）	PM/ （mg/km）	$PN^{(1)}$/ （10^{11} 个/km）
第一 类车	一	全部	700	100	68	60	20	4.5	6.0
第二 类车	Ⅰ	TM ≤ 1 305	700	100	68	60	20	4.5	6.0
	Ⅱ	1 305 < TM ≤ 1 760	880	130	90	75	25	4.5	6.0
	Ⅲ	TM > 1 760	1 000	160	108	82	30	4.5	6.0

(1) 2020 年 7 月 1 日前，汽油车适用 6.0×10^{12} 个/km 的过渡限值。

表 1-2 Ⅰ型试验排放限值（6b）

| 分类 | | 测试质量（TM）/ kg | 限值 | | | | | | | |
			CO/ (mg/km)	THC/ (mg/km)	NMHC/ (mg/km)	NO$_x$/ (mg/km)	N$_2$O/ (mg/km)	PM/ (mg/km)	PN[1]/ (10^{11} 个/km)
第一类车	—	全部	500	50	35	35	20	3.0	6.0
第二类车	Ⅰ	TM ≤ 1 305	500	50	35	35	20	3.0	6.0
	Ⅱ	1 305 > TM ≤ 1 760	630	65	45	45	25	3.0	6.0
	Ⅲ	TM > 1 760	740	80	55	50	30	3.0	6.0

[1] 2020 年 7 月 1 日前，汽油车适用 6.0 × 10^{12} 个/km 的过渡限值。

表1-3   RDE 试验符合性因子[1]

分类	NO$_x$	PN	CO[3]
点燃式	2.1[2]	2.1[2]	—
压燃式	2.1[2]	2.1[2]	—
[1] 2023 年 7 月 1 日前仅监测并报告结果。 [2] 2022 年 7 月 1 日前评估确认。 [3] 在 RDE 测试中，应测量并记录 CO 试验结果。			

生产企业提供两套碳罐：一套用于进行Ⅳ型试验，另一套用于检测其有效容积和初始工作能力，测量结果应为生产企业信息公开值的 0.9~1.1 倍。

Ⅳ型试验主要模拟了车辆实际使用过程中会发生的热浸损失和换气损失过程。同时，在 38℃±2℃下高温浸车和行驶车辆，能够在一定程度上模拟车辆运行过程中燃油蒸发的影响条件。试验也可以检测到由于燃油系统泄漏等问题而产生的蒸发污染物排放。排放限值见表 1-4。

表1-4   Ⅳ型试验排放限值

分类		测试质量（TM）/kg	排放限值 /（g/test）
第一类车	—	全部	0.70
第二类车	Ⅰ	TM ≤ 1 305	0.70
	Ⅱ	1 305 < TM ≤ 1 760	0.90
	Ⅲ	TM > 1 760	1.20

（4）加油污染物排放试验（Ⅶ型试验）

本标准规定，除单一气体燃料车外，传统汽油动力汽车、混合动力电动汽车（NOVC）及插电式混合动力电动汽车（OVC）都要进行此试验。两用燃料车仅对燃用汽油进行此项试验。

首先按照标准规定对试验车辆进行行驶、放油、加油和浸车等预处理，之后将试验车辆移至符合标准规定的温度稳定在23℃±3℃的密闭舱内。进行加油操作，并测试这个过程中的污染物排放量。

加油过程蒸发污染物排放测试结果以单位加油量排出的污染物质量来表征，即以加油试验碳氢排放质量除以输送燃油的总体积数，测试结果需以劣化系数进行加和校正。校正后排放量应小于0.05 g/L。

（5）车载诊断（OBD）系统试验

OBD系统通过与车载电脑（ECU）的通信，对车辆实际运行时排放控制系统故障进行监测，通过点亮故障指示器（MIL）通知车辆驾驶员，同时将所监测到的故障以识别代码的形式存入车载电脑。

本标准规定，OBD系统须对Ⅰ型试验污染物排放、蒸发系统、二次空气系统、催化剂、氧传感器、EGR、VVT系统、颗粒捕集器、NO_x吸附器、后氧传感器、增压压力控制系统、燃油供给系统等均进行监测，并分别满足标准要求的监测频率（IUPR）。监控项目的最小 IUPR 率为 0.100，而对催化器、氧传感器、EGR 等的 IUPR 为 0.336。

本标准规定了 OBD 系统功能性项目验证试验（Ⅰ 型试验污染物排放）。试验应在相当于行驶了 160 000 km 的汽车上进行。通过模拟发动机管理系统或排放控制系统中有关系统的失效，检查安装在汽车上的 OBD 系统是否发挥了功能作用。当与排放相关的部件或系统出现故障而导致排放量超过 OBD 阈值（表 1-5）时，OBD 系统应指示出故障。

表 1-5　OBD 阈值

		测试质量（TM）/ kg	CO/ （g/km）	NMHC+NO$_x$/ （g/km）	PM/ （g/km）
第一类车	—	全部	1.900	0.260	0.012
第二类车	Ⅰ	TM ≤ 1 305	1.900	0.260	0.012
	Ⅱ	1 305 < TM ≤ 1 760	3.400	0.335	0.012
	Ⅲ	TM > 1 760	4.300	0.390	0.012

（二）轻型车国五标准

《轻型汽车污染物排放限值及测量方法（中国第五阶段）》（GB 18352.5—2013）

1. 适用范围

本标准规定了装用点燃式发动机的轻型汽车，在常温和低温下排气污染物、双怠速排气污染物、曲轴箱污染物、蒸发污染物的排放限值及测量方法，污染控制装置耐久性、车载诊断（以下简称 OBD）系统的技术要求及测量方法。

本标准还规定了装用压燃式发动机、燃用天然气或液化石油气的轻型汽车等其他轻型汽车的污染物排放限值、测量方法及其他特殊要求。

本标准适用于以点燃式发动机或压燃式发动机为动力，最大设计时速大于或等于 50 km/h 的轻型汽车（包括混合动力电动汽车）；最大总质量超过 3 500 kg、但基准质量不超过 2 610 kg 的 M_1、M_2、N_2 类汽车。

2. 实施时间

（1）标准规定时间

型式核准：自本标准发布之日起，即可依据本标准进行型式核准。

销售和注册登记：自 2018 年 1 月 1 日起，所有销售和注册登记的轻型汽车应符合本标准的要求。

机动车污染严重，有实施标准条件的地方，为改善空气质量，经批准可先于全国实施本标准。提前实施标准的地方，在 2014 年 12 月 31 日之前，可以暂不实施本标准对 OBD 系统 NO_x 监测和 OBD 实际监测频率（IUPR）的相关要求。

（2）调整实施时间

为改善污染严重地区的空气质量，环境保护部和工信部联合发布公告（2016年 第4号），东部11省市自2016年4月1日起实施轻型汽油车和轻型柴油客车国五标准；全国于2017年1月1日起实施轻型汽油车国五标准。

3. 主要排放测试及限值要求

（1）常温下冷起动后排气污染物的排放试验（Ⅰ型试验）

该试验将汽车放置在带有负荷和惯量模拟的底盘测功机上完成，按照标准规定的运转循环、排气取样和分析方法、颗粒物取样和称量方法进行。排放限值见表1-6。

（2）蒸发污染物排放试验（Ⅳ型试验）

所有汽油车都必须进行此项试验。两用燃料车仅对燃用汽油进行此项试验。

制造厂提供两套碳罐：一套用于进行Ⅳ型试验，另一套用于检测其有效容积和初始工作能力，测量结果不高于制造厂申报值的1.1倍。

按标准程序进行试验时，蒸发污染物排放量不高于2.00 g/test。

表1-6　I型试验排放限值

分类		基准质量（RM）/kg	限值						
			CO/ （g/km）	THC/ （g/km）	NMHC/ （g/km）	NOx/ （g/km）	THC+NOx/ （g/km）	PM/ （g/km）	PN/ （个/km）
装用点燃式发动机	第一类车	全部	1.00	0.1	0.068	0.060	—	0.004 5[1]	—
	第二类车	RM ≤ 1 305	1.00	0.1	0.068	0.060	—	0.004 5[1]	—
		1 305 < RM ≤ 1 760	1.81	0.130	0.090	0.075	—	0.004 5[1]	—
		RM > 1 760	2.27	0.160	0.108	0.082	—	0.004 5[1]	—
装用压燃式发动机	第一类车	全部	0.50	—	—	0.180	0.230	0.004 5	6.0×10^{11}
	第二类车	RM ≤ 1 305	0.50	—	—	0.180	0.230	0.004 5	6.0×10^{11}
		1 305 < RM ≤ 1 760	0.63	—	—	0.235	0.295	0.004 5	6.0×10^{11}
		RM > 1 760	0.74	—	—	0.280	0.350	0.004 5	6.0×10^{11}

[1] 仅适用于装缸内直喷发动机的汽车。

二、重型车

（一）重型柴油车国六标准

《重型柴油车污染物排放限值及测量方法（中国第六阶段）》（GB 17691—2018）。

1. 适用范围

本标准适用于最大设计总质量大于 3 500 kg 的 M_1 类及所有 M_2、M_3、N_1、N_2 和 N_3 类汽车装用的压燃式、气体燃料点燃式发动机及其车辆的型式检验、生产一致性检查、新车生产排放监督检查和在用车符合性检查。

2. 实施时间

自 2020 年 7 月 1 日起，凡不满足本标准 6a 阶段要求的新车不得生产、进口、销售、注册登记，不满足本标准 6a 阶段要求的新发动机不得生产、进口、销售和投入使用。

自 2023 年 7 月 1 日起，凡不满足本标准 6b 阶段要求的新车不得生产、进口、销售、注册登记，不满足本标准 6b 阶段要求的新发动机不得生产、进口、销售和投入使用。

3. 排放测试及限值要求

《重型柴油车污染物排放限值及测量方法（中国第六阶段）》（GB 17691—2018）中排放控制要求体系非常复杂，本部分对标准主要内容进行了梳理（图 1-3），并重点介绍主要的测试方法和限值要求，包括稳态循环（WHSC）

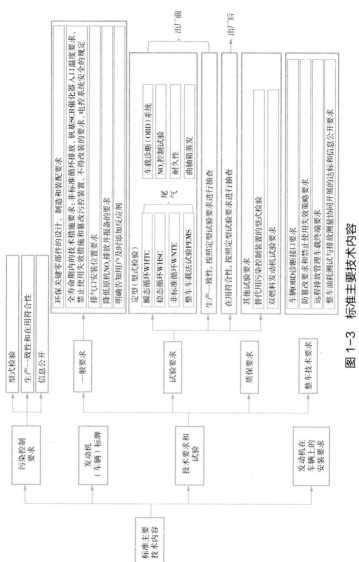

图 1-3 标准主要技术内容

和瞬态循环（WHTC）试验、非标准循环（WNTE）试验和整车车载法（PEMS）试验。

（1）稳态循环（WHSC）和瞬态循环（WHTC）试验及限值

WHSC 稳态循环试验是指按照标准中规定的顺序及运行时间依次进行 13 个工况点的试验循环，每个工况点的前 20 s 用于完成转速和负荷转换，之后进行排气采样，通过分析仪对气态排气污染物进行分析，用滤纸法采集颗粒物并称重，计算试验结果。排放限值见表 1-7。

WHTC 瞬态试验指发动机在台架上按照逐秒变化的瞬态工况运行，对整个运行过程中发动机排气进行连续稀释采样，通过分析仪对气态排气污染物进行分析，用滤纸法采集颗粒物并称重。排放限值见表 1-7。

表 1-7　WHSC/WHTC 试验循环排放限值

试验	CO	THC	NMHC	CH$_4$	NO$_x$	PM	PN	NH$_3$
	mg/（kW·h）						个/（kW·h）	10^{-6}
WHSC 工况（CI[(1)]）	1 500	130	—	—	400	10	8.0×10^{11}	10
WHTC 工况（CI[(1)]）	4 000	160	—	—	460	10	6.0×10^{11}	10
WHTC 工况（PI[(2)]）	4 000	—	160	500	460	10	6.0×10^{11}	10
[(1)] CI= 压燃式发动机。								
[(2)] PI= 气体燃料点燃式发动机。								

（2）非标准循环（WNTE）试验及限值

WNTE 测试要求在排放控制区内按标准规定选择一定数量的工况点（在 9 个区内任选 3 个区，然后在每个区内任选 5 个工况点），对选定的工况点组成的稳态循环按照一定顺序进行排放测试。排放限值见表 1-8。

表 1-8　非标准循环（WNTE）排放限值

试验	CO/ [mg/(kW·h)]	THC/ [mg/(kW·h)]	NO$_x$/ [mg/(kW·h)]	PM/ [mg/(kW·h)]
WNTE 工况	2 000	220	600	16

（3）整车车载法（PEMS）试验及限值

整车排放测试指将装配有需要型式检验发动机的车辆在实际道路上行驶 120~180 min，期间利用便携式排放测试设备（PEMS）进行尾气排放测试。此测试方法的运行工况具有随机性，并需依据标准规定的道路工况结构进行，是实验室测试程序的必要补充，能够有效控制实际道路运行时的污染物排放。排放限值见表 1-9。

（二）重型车柴油国五标准

《车用压燃式、气体燃料点燃式发动机与汽车排气污染物排放限值及测量方法（中国Ⅲ、Ⅳ、Ⅴ阶段）》（GB 17691—2005）

表 1-9 整车试验（PEMS）排放限值

发动机类型	CO/ [mg/(kW·h)]	THC/ [mg/(kW·h)]	NO$_x$/ [mg/(kW·h)]	PN[1]/ [个/(kWh)]
压燃式	6 000	—	690	1.2×10^{12}
点燃式	6 000	240（LPG）750（NG）	690	—
双燃料	6 000	1.5×WHTC限值	690	1.2×10^{12}
[1] PN 从 6b 阶段开始实施。				

1. 适用范围

本标准适用于设计车速大于 25 km/h 的 M$_2$、M$_3$、N$_1$、N$_2$ 和 N$_3$ 类及总质量大于 3 500 kg 的 M$_1$ 类机动车装用的压燃式（含气体燃料点燃式）发动机及其车辆的型式核准、生产—致性检查和在用车符合性检查。

2. 实施时间

（1）标准规定时间

自 2013 年 1 月 1 日起，凡不满足本标准相应阶段要求的新车不得销售、注册登记，不满足本标准相应阶段要求的新发动机不得销售和投入使用。

（2）调整实施时间

环境保护部和工信部联合发布公告（2016 年 第 4 号），根据油品升级进程，分区域实施机动车国五标准。全国自 2017 年 7 月 1 日起，所有制造、进口、销售和注册登记的重型柴油车，须符合国五标准要求。

3. 排放测试及限值要求

重型车排气污染物检测为发动机台架试验。发动机应安装在试验台架上并与测功机相连接，由台架系统操作发动机点火，并模拟车辆油门踏板对发动机油门开度的控制方法，控制发动机燃油喷射量变化，使发动机按照标准规定的试验循环运行，从而模拟重型车以不同车速和载重在实际道路上行驶时发动机所输出的不同转速和扭矩。同时，测试系统对发动机排出的尾气进行采集和分析测试。本标准包含三种试验循环：稳态循环（ESC）、瞬态循环（ETC）和负荷烟度试验（ELR）。

（1）ESC 和 ELR 试验及限值

ESC 试验是指按照标准中规定的顺序及运行时间依次进行 13 个工况点的试验循环，并且每个工况点的前 20 s 用于完成转速和负荷转换，之后进行排气采样，通过分析仪对气态排气污染物进行分析，用滤纸法采集颗粒物并称重，计算试验结果。排放限值见表 1-10。

ELR 试验是指发动机在最大功率点预热并稳定后，按照标准规定的试验流程在不同转速下依次改变负荷，完成试验循环，并对其排气污染物进行采样测量，计算其平均烟度值。排放限值见表 1-10。

表1-10　ESC和ELR试验限值

阶段	CO/ [g/(kW·h)]	HC/ (g/kW·h)	NO$_x$/ [g/(kW·h)]	PM/ [g/(kW·h)]	烟度/ m^{-1}
V	1.5	0.46	2.0	0.02	0.5
EEV[1]	1.5	0.25	2.0	0.02	0.15
[1]指环境友好汽车（Enhanced Environmentally Friendly Vehicle），下同。					

（2）ETC试验及限值

ETC试验指发动机在台架上按照逐秒变化的瞬态工况运行，对整个运行过程中发动机排气进行连续稀释采样，通过分析仪对气态排气污染物进行分析，用滤纸法采集颗粒物并称重，计算试验结果。排放限值见表1-11。

表1-11　ETC试验限值

阶段	CO/ [g/(kW·h)]	NMHC/ [g/(kW·h)]	CH$_4$[1]/ [g/(kW·h)]	NO$_x$/ [g/(kW·h)]	PM[2]/ [g/(kW·h)]
V	4.0	0.55	1.1	2.0	0.03
EEV	3.0	0.40	0.65	2.0	0.02
[1]仅对NG发动机。					
[2]不适用于第Ⅲ、Ⅳ和Ⅴ阶段的燃气发动机。					

（三）重型汽油车国四标准

重型汽油车污染物排放标准是由配套的4个排放标准组成的，包括《重型车用汽油发动机与汽车排气污染物排放限值及测量方法（中国Ⅲ、Ⅳ阶段）》（GB 14762—2008）、《装用点燃式发动机重型汽车曲轴箱污染物排放限值及测量方法》（GB 11340—2005）、《装用点燃式发动机重型汽车燃油蒸发污染物排放限值及测量方法（收集法）》（GB 14763—2005）和《重型汽车排气污染物排放控制系统耐久性要求及试验方法》（GB 20890—2007）。其中，GB 20890—2007 是对 GB 14762—2002 的技术补充要求。

1. 适用范围

本标准适用于设计车速大于 25 km/h 的 M_2、M_3、N_2 和 N_3 类及总质量大于 3 500 kg 的 M_1 类机动车装用的点燃式发动机及其汽车；其中车用汽油发动机排气污染物的排放限值及测量方法按本标准规定执行；车用点燃式 NG、LPG 发动机排气污染物的排放限值按本标准规定执行，测量方法按《车用压燃式发动机排气污染物排放限值及测量方法》（GB 17691—2005）的相关规定执行。

2. 实施时间

对于排气污染物，全国自 2012 年 7 月 1 日起，所有制造、进口、销售和注册登记的重型汽油车，须符合国四标准要求。

对于曲轴箱排放污染物，从 2006 年 1 月 1 日起，所有制造和销售的汽车，其曲轴箱污染物排放必须符合标准要求。

对于燃油蒸发污染物，从 2006 年 1 月 1 日起，所有制造和销售的汽车，其蒸发污染物排放必须符合标准要求。

3. 排放测试及限值要求

（1）排气污染物

适用标准为《重型车用汽油发动机与汽车排气污染物排放限值及测量方法（中国Ⅲ、Ⅳ阶段）》（GB 14762—2008）。

重型汽油车的排气污染物检测为发动机台架试验。将重型汽油发动机安装在测功机台架上，按照标准规定的瞬态试验循环进行试验，在瞬态试验循环期间，通过分析仪测量整个循环的污染物浓度，并结合排气流量计算质量排放值，再与循环内的发动机累计输出功率相比得到污染物的比排放量。比排放量的限值见表 1-12。

表 1-12　排气污染物排放限值

单位：g/（kW·h）

阶段	CO	THC	NO_x
Ⅲ	9.7	0.41	0.98
Ⅳ	9.7	0.29	0.70

（2）曲轴箱污染物

适用标准为《装用点燃式发动机重型汽车曲轴箱污染物排放限值及测量方法》（GB 11340—2005）。

曲轴箱污染物排放试验既可以用试验车辆，也可以用与车辆装配发动机同型号的发动机进行试验。进行发动机台架试验时，试验发动机应安装与被试车型相同的零部件。测试时，使车辆或发动机在三个不同负荷的工况下运行，并同时在适当位置测量曲轴箱内的压力。

任意试验工况下，测得的曲轴箱内的压力均不超过测量时的大气压力，则应认为该车辆满足标准要求。

（3）燃油蒸发污染物

适用标准为《装用点燃式发动机重型汽车燃油蒸发污染物排放限值及测量方法（收集法）》（GB 14763—2005）。

测试可用整车或发动机进行，包括昼夜换气和热浸两个试验。首先进行试验准备，对试验车辆或发动机、碳罐进行预处理。按照标准规定的升温程序，对燃油箱进行加热，在燃油系统通向大气的出口位置收集溢出的燃油蒸气，进行燃油箱呼吸损失（昼夜换气损失）测定，记录测试结果。然后在底盘测功机上以40 km/h车速匀速行驶试验车辆，或在发动机台架上模拟车辆40 km/h车速运行发动机，模拟车辆实际运行后燃油箱所处的热态环境，运行后立刻进行热浸损失测定，记录热状态下的燃油蒸发排放量。

测试结果为昼夜换气损失和热浸损失的蒸发排放量之和。标准要求测试结果小于 4.0 g/test。

三、三轮汽车

《三轮汽车和低速货车用柴油机排气污染物排放限值及测量方法（中国Ⅰ、Ⅱ阶段）》（GB 19756—2005）。

1. 适用范围

本标准适用于三轮汽车和低速货车装用的柴油机及其车辆。

其中三轮汽车指最高设计车速小于等于 50 km/h，具有三个车轮的货车。

低速货车指最高设计车速小于 70 km/h，具有四个车轮的货车。

2. 实施时间

本标准自 2007 年 1 月 1 日起实施第二阶段。

3. 排放测试及限值要求

发动机应安装在试验台架上并与测功机相连接进行试验。在规定的每个试验循环的工况中，从经过预热的柴油发动机排气中直接取样，并连续测量。在每个工况运行中，测量每种气态污染物的浓度、发动机的排气流量和输出功率，并将测量值进行加权。在整个试验过程中，将颗粒物的样气用经过处理的环境空气进行稀释，用适当的滤纸收集颗粒物，计算得出每种污染物的比排放量。型式核准试验排放限值见表 1-13，生产一致性检查试验排放限值见表 1-14。

表 1-13　型式核准试验排放限值

单位：g/（kW·h）

实施阶段	CO	HC	NO_x	PM
第Ⅰ阶段	11.2	2.4	14.4	—
第Ⅱ阶段	4.5	1.1	8.0	0.61

表 1-14　生产一致性检查试验排放限值

单位：g/（kW·h）

实施阶段	CO	HC	NO_x	PM
第Ⅰ阶段	12.3	2.6	15.8	—
第Ⅱ阶段	4.9	1.23	9.0	0.68

第二章　新生产摩托车排放标准

一、摩托车国四标准

《摩托车污染物排放限值及测量方法（中国第四阶段）》（GB 14622—2016）

1. 适用范围

本标准适用于以点燃式为动力、最大设计车速大于 50 km/h 的摩托车或排量大于 50 ml 的摩托车，以及以压燃式发动机为动力、最大设计车速大于 50 km/h 或排量大于 50 ml 的三轮摩托车。

2. 实施时间

本标准自 2019 年 7 月 1 日起实施，所有销售和注册登记的摩托车应符合本标准的要求。机动车污染严重的地方，为改善空气质量，可先于全国实施本标准。

3. 排放测试及限值要求

摩托车置于装有功率吸收装置和惯量模拟装置的底盘测功机上，按照标准规定的试验循环进行试验。其中，两轮摩托车有三个阶段的试验循环，每个阶段的试验循环持续 600 s，按照车辆分类（表 2-1），Ⅰ类、Ⅱ类车辆进行第 1、第 2 阶段试验循环，Ⅲ类车辆进行第 1、第 2、第

3阶段试验循环；边三轮摩托车应拆除边斗部分并按两轮摩托车的试验方法进行试验。正三轮摩托车的试验循环由6个市区试验循环组成，其中第1个市区循环定义为冷态试验循环，第2～6个市区试验循环定义为热态试验循环。试验期间应采用环境空气稀释排气，并使混合气的容积流量保持恒定。在试验过程中，连续的混合气取样气流被送入取样袋，以便确定 CO、HC、NO_x 和 CO_2 的浓度。对于装用压燃式发动机的摩托车，还应按照要求测量排气中的颗粒物。排放限值见表 2-2。

表 2-1　车辆分类

车辆分类		发动机排量 V_h/ml	最高车速 V_{max}/（km/h）
I	I	$50<V_h<150$	$V_{max} \leqslant 50$
		$V_h<150$	$50<V_{max}<100$
II	II-1	$V_h<150$	$100 \leqslant V_{max}<115$
		$V_h \geqslant 150$	$V_{max}<115$
	II-2	$V_h \leqslant 1\ 500$	$115 \leqslant V_{max}<130$
III	III-1	$V_h \leqslant 1\ 500$	$130 \leqslant V_{max}<140$
	III-2	$V_h>1\ 500$ 或者 $V_{max} \geqslant 140$	

表2-2　Ⅰ型试验排放限值

车辆类型	车辆分类	排放限值 / (mg/km)				
		CO	HC	NO$_x$	HC+NO$_x$	PM
两轮摩托车	Ⅰ，Ⅱ[1]	1 140	380	70	—	—
	Ⅲ[1]	1 140	170	90	—	—
三轮摩托车	点燃式发动机	2 000	550	250	—	—
	压燃式发动机	740	—	390	460	60
[1] 车辆分类按表2-1。						

二、轻便摩托车国四标准

《轻便摩托车污染物排放限值及测量方法（中国第四阶段）》（GB 18176—2016）

1. 适用范围

适用于以点燃式发动机为动力，发动机排量不大于50 ml，最大设计车速不大于50 km/h 的两轮或三轮轻便摩托车。

2. 实施时间

本标准自2019年7月1日起实施，所有销售和注册登记的轻便摩托车应符合本标准的要求。机动车污染严重的地方，为改善空气质量，可先于全国实施本标准。

3.排放测试及限值要求

轻便摩托车置于装有功率吸收装置和惯量模拟装置的底盘测功机上，按照标准的试验循环进行试验，一次试验持续 896 s，由 8 个连续运行的循环组成，其中前 4 个循环为冷态试验循环，后 4 个循环为热态试验循环。每个试验循环由 7 个阶段组成（怠速、加速、等速和减速等）。试验期间应采用背景空气稀释排气，并使混合气的容积流量保持恒定。在试验过程中，连续的混合气取样气流被送入取样袋，以便确定 CO、HC、NO_x 和 CO_2 的浓度。排放限值见表 2-3。

表 2-3 Ⅰ型试验排放限值

车辆分类	排放限值 /（mg/km）			测试循环
	CO	HC	NO_x	
两轮轻便摩托车	1 000	630	170	见 GB 18176—2016 附录 C
三轮轻便摩托车	1 900	730	170	

第三章　新生产非道路移动机械和船舶排放标准

一、非道路移动机械

（一）非道路移动机械国三、国四标准

《非道路移动机械用柴油机排气污染物排放限值及测量方法（中国第三、四阶段）》（GB 20891—2014）

1. 适用范围

本标准规定了非道路移动机械用柴油机（含额定功率不超过 37 kW 的船用柴油机）和在道路上用于载人（货）的车辆装用的第二台柴油机排放污染物排放限值及测量方法。

2. 实施时间

自 2014 年 10 月 1 日起，凡进行排气污染物排放型式核准的非道路移动机械用柴油机都必须符合本标准第三阶段要求。

第四阶段标准实施时间尚未正式发布。

3. 排放测试及限值要求

非道路移动机械用柴油机的排放测试应在发动机测功机台架上进行，包括稳态试验循环和瞬态试验循环。其

中稳态试验循环分为五工况、六工况和八工况循环，适用于所有第三阶段、第四阶段柴油机的排气污染物的测量；瞬态试验循环（NRTC），包含1 238个逐秒变化的瞬态工况，适用于第四阶段小于560 kW非恒定转速柴油机排气污染物的测量，企业也可选用该循坏进行第三阶段非恒定转速柴油机排气污染物的测量。排放限值见表3-1。

（二）小通机国二标准

《非道路移动机械用小型点燃式发动机排气污染物排放限值与测量方法（中国第一、二阶段）》（GB 26133—2010）

1.适用范围

本标准规定了非道路移动机械用小型点燃式发动机（以下简称"发动机"）排气污染物排放限值和测量方法。本标准适用于（但不限于）草坪机、油锯、发电机、水泵、割灌机等非道路移动机械用净功率不大于19 kW发动机的型式核准和生产一致性检查。净功率大于19 kW但工作容积不大于1 L的发动机可参照本标准执行。

本标准不适用于下列用途的发动机：用于驱动船舶行驶的发动机、用于地下采矿或地下采矿设备的发动机、应急救援设备用发动机、娱乐用车辆（例如，雪橇、越野摩托车和全地形车辆）以及为出口而制造的发动机。

表 3-1　非道路移动机械用柴油机排气污染物排放限值

阶段	P_{max}/kW	CO/ [g/(kW·h)]	HC/ [g/(kW·h)]	NO_x/ [g/(kW·h)]	HC+NO_x/ [g/(kW·h)]	PM/ [g/(kW·h)]
第三阶段	P_{max}>560	3.5	—	—	6.4	0.20
	130≤P_{max}<560	3.5	—	—	4.0	0.20
	75≤P_{max}<130	5.0	—	—	4.0	0.30
	37≤P_{max}<75	5.0	—	—	4.7	0.40
	P_{max}<37	5.5	—	—	7.5	0.60
第四阶段	P_{max}>560	3.5	0.40	3.5, 0.67[1]	—	0.10
	130≤P_{max}<560	3.5	0.19	2.0	—	0.025
	75≤P_{max}<130	5.0	0.19	3.3	—	0.025
	56≤P_{max}<75	5.0	0.19	3.3	—	0.025
	37≤P_{max}<56	5.0	—	—	4.7	0.025
	P_{max}<37	5.5	—	—	7.5	0.60

[1] 适用于可移动式发电机组用 P_{max}>900 kW 的柴油机。

2. 实施时间

自 2011 年 3 月 1 日起实施第一阶段标准，自 2013 年 1 月 1 日起非手持式发动机实施第二阶段标准，自 2015 年 1 月 1 日起手持式发动机实施第二阶段标准。

3. 排放测试及限值要求

本标准中的排放测试在发动机测功机台架上，按照标准规定的试验循环进行。不同类别的发动机按照不同试验循环进行。试验循环应按工况编号递增次序实施。每个工况的取样时间应至少为 180 s，应在各自取样期的最后 120 s 中测量和记录排气污染物浓度值。对每个工况，开始取样之前应持续足够长的时间以使发动机达到热稳定状态，并应记录并报告该工况持续时间长度。

发动机类别代号及对应工作容积见表 3-2。发动机排气污染物排放限值（第一阶段）见表 3-3。

表 3-2　发动机类别

发动机类别代号	工作容积 V/cm^3
SH1	$V < 20$
SH2	$20 \leqslant V < 50$
SH3	$V \geqslant 50$
FSH1	$V < 66$
FSH2	$66 \leqslant V < 100$
FSH3	$100 \leqslant V < 225$
FSH4	$V \geqslant 225$

表3-3　发动机排气污染物排放限值（第一阶段）

发动机类别代号	污染物排放限值/［g/（kW·h）］			
	CO	HC	NO_x	$HC+NO_x$
SH1	805	295	5.36	—
SH2	805	241	5.36	—
SH3	603	161	5.36	—
FSH1	519	—	—	50
FSH2	519	—	—	40
FSH3	519	—	—	16.1
FSH4	519	—	—	13.4

　　自第二阶段开始，发动机排气污染物中一氧化碳、碳氢化合物和氮氧化物的比排放量不得超过表3-4中的限值，同时应满足标准规定的排放控制耐久性要求。制造企业应声明每个发动机系族适用的耐久期类别，并且所选类别应尽可能接近发动机拟安装机械的寿命。

表3-4　发动机排气污染物排放限值（第二阶段）

发动机类别代号	污染物排放限值/［g/（kW·h）］		
	CO	$HC+NO_x$	NO_x
SH1	805	50	
SH2	805	50	
SH3	603	72	
FSH1	610	50	10
FSH2	610	40	
FSH3	610	16.1	
FSH4	610	12.1	

用于扫雪机的二冲程发动机，无论是否为手持式，只需满足相应工作容积的SH1、SH2或SH3类发动机限值要求。对于以天然气为燃料的发动机，可选择使用非甲烷总烃（NMHC）替代碳氢（HC）。

二、船舶

船舶国一、国二标准

《船舶发动机污染物排放限值及测量方法（中国第一、二阶段）》（GB 15097—2016）

1. 适用范围

本标准适用于内河船、沿海船、江海直达船、海峡（渡）船和渔业船舶装用的额定净功率大于37 kW的第1类和第2类船机（包括主机和辅机）的型式检验、生产一致性检查和耐久性要求。本标准也规定了船舶和船机实施大修后的排放要求。

本标准不适用于船舶装用的应急船机、安装在救生艇上或只在应急情况下使用的任何设备或装置上的船机。

第3类船机执行《船用柴油机氮氧化物排放试验及检验指南》（GD 01—2011）的要求。

额定净功率不超过37 kW的船机执行《非道路移动机械用柴油机排气污染物排放限值及测量方法（中国第

三、四阶段）》（GB 20891—2014）标准。

2. 实施时间

本标准自 2018 年 7 月 1 日起实施第一阶段，2021 年 7 月 1 日起实施第二阶段。

3. 排放测试及限值要求

船用发动机的排放测试在发动机测功机台架上，按照标准规定的试验循环进行，主要有四工况、五工况、八工况等五种试验循环。试验循环中，每工况过渡阶段以后，规定的转速必须保持稳定，每工况最少需要 10 min 时间，测量颗粒物排放量时，为了在测量滤纸上获得足够的颗粒物质量，可以适当延长试验工况时间，并在每个工况的最后 3 min 测量气态污染物浓度值。船机排气污染物中一氧化碳（CO）、碳氢化合物（HC）、氮氧化物（NO_x）和颗粒物（PM）的比排放量，乘以劣化系数（安装排气后处理系统的船机），或加上劣化修正值（未安装排气后处理系统的船机），在第一阶段不得超过表 3-5 中的限值，第二阶段不得超过表 3-6 中的限值。

表3-5 船用发动机排气污染物第一阶段排放限值

船机类型	单缸排量 SV/(L/缸)	额定净功率 P/kW		CO/[g/(kW·h)]	HC+NO$_x$/[g/(kW·h)]	CH$_4$[1]/[g/(kW·h)]	PM/[g/(kW·h)]
第1类	SV<0.9	P≥37		5.0	7.5	1.5	0.40
	0.9≤SV<1.2			5.0	7.2	1.5	0.30
	1.2≤SV<5			5.0	7.2	1.5	0.20
	5≤SV<15			5.0	7.8	1.5	0.27
第2类	15≤SV<20	P<3 300		5.0	8.7	1.6	0.50
		P≥3 300		5.0	9.8	1.8	0.50
	20≤SV<25			5.0	9.8	1.8	0.50
	25≤SV<30			5.0	11.0	2.0	0.50

[1] 仅适用于NG（含双燃料）船用发动机。

表 3-6 船用发动机排气污染物第二阶段排放限值

船机类型	单缸排量 SV/(L/缸)	额定净功率 P/kW	CO/[g/(kW·h)]	HC+NOx/[g/(kW·h)]	CH4(1)/[g/(kW·h)]	PM/[g/(kW·h)]
第1类	SV<0.9	P≥37	5.0	5.8	1.0	0.3
	0.9≤SV<1.2		5.0	5.8	1.0	0.14
	1.2≤SV<5		5.0	5.8	1.0	0.12
第2类	5≤SV<15	P<2000	5.0	6.2	1.2	0.14
		2000≤P<3700	5.0	7.8	1.5	0.14
		P≥3700	5.0	7.8	1.5	0.27
	15≤SV<20	P<2000	5.0	7.0	1.5	0.34
		2000≤P<3300	5.0	8.7	1.6	0.50
		P≥3300	5.0	9.8	1.8	0.50
	20≤SV<25	P<2000	5.0	9.8	1.8	0.27
		P≥2000	5.0	9.8	1.8	0.50
	25≤SV<30	P<2000	5.0	11.0	2.0	0.27
		P≥2000	5.0	11.0	2.0	0.50

(1) 仅适用于 NG（含双燃料）船用发动机。

第四章 在用机动车和非道路移动机械排放标准

一、汽车在用车排放标准

（一）汽油车标准

《汽油车污染物排放限值及测量方法（双怠速法及简易工况法）》（GB 18285—2018）

1. 适用范围

本标准适用于汽油车污染物排放控制，包括新生产汽车下线、进口车入境、注册登记和在用汽车检验，本标准也适用于其他装用点燃式发动机的汽车。

2. 实施时间

本标准实施日期为 2019 年 5 月 1 日。

2019 年 5 月 1 日起，对全国汽车进行的环保定期检验，应采用本标准规定的简易工况法进行，对无法使用简易工况法检测的车辆，可采用本标准规定的双怠速法进行。

新生产汽车下线检验自 2019 年 11 月 1 日起实施。

注册登记、在用汽车 OBD 检查自 2019 年 5 月 1 日起仅检查并报告，自 2019 年 11 月 1 日起实施。

3. 检验要求、排放测试及限值要求

本标准是对 GB 18285—2005 的修订，由原标准仅侧重于排放上线检测，调整为外观检验、OBD 检验、上线检测等各个检验项目并重，新增了燃油蒸发检查要求。

本标准对新车检验和在用车检验均有要求，检测项目见表 4-1。新生产汽车应采用瞬态工况法进行检测，排放限值由生产企业按照企业排放标准进行控制，生产企业应将制定的企业排放限值标准报生态环境主管部门备案。在用汽车的排放检测试验主要有双怠速法、稳态工况法、简易瞬态工况法三种。排放限值分为两个阶段，其中限值 a 是为防治在用汽车排气污染，促进在用汽车强制维护保养而制定的排气污染物排放限值；汽车保有量达到 500 万辆以上或机动车排放污染物为当地主要空气污染源的超大城市或特大城市，经省级人民政府批准后可以选用限值 b。

（1）外观检查

外观检验：对曲轴箱通风系统、燃油蒸发控制系统、发动机排气管、排气消声器和排气后处理装置的外观及安装紧固部位进行外观检验，注册、转移等登记检验时，应按照随车清单对污染控制装置进行查验核对。环保定期检验时，要查看污染控制装置是否完好。外观检验内容应全部录入检测系统。

表4-1　新车及在用车检测项目

检验项目	新生产汽车下线	进口车入境	注册登记[1]	在用汽车[1]
外观检验（含污染控制装置和随车清单核查）	进行	进行	进行	进行[2]
车载诊断系统（OBD）检查	进行	进行	进行	进行[3]
排气污染物检测	抽测[4]	抽测[4]	进行	进行[5]
燃油蒸发检测	不进行	不进行	按有关规定	按有关规定

[1] 符合免检规定的车辆，按照免检相关规定进行。

[2] 查验污染物控制装置是否完好。

[3] 适用于装有OBD的车辆。

[4] 混合动力汽车的污染物排放抽测应在最大消耗模式下进行。

[5] 变更登记、转移登记检验按有关规定进行。

（2）OBD检查

鉴于目前OBD扫描仪的现状，OBD检查内容将分两个阶段实施。第一阶段为人工扫描和记录阶段，用OBD扫描仪扫描后，人工连接到电脑读取和记录扫描结果。第二阶段为自动传输阶段，将OBD扫描仪放置尾气检测线上，连接车辆OBD接口，OBD扫描仪扫描内容自动传输检测主控机，主控机检测软件自动记录和判定。检验项目包括：故障指示器状态，并使用OBD诊断仪查看故障代码、故障里程和就绪状态值。

（3）双怠速法

使用双怠速法对在用车辆进行排放检测时，车辆及发动机应达到热状态。发动机从怠速状态加速至70%额定转速或企业规定的暖机转速，运转30 s后降至高怠速状态。将取样探头插入排气管中，深度不少于400 mm，并固定在排气管上维持15 s后，读取30 s内的平均值即为高怠速污染物测量结果，对使用闭环控制电子燃油喷射系统和三元催化转化器技术的汽车，还应同时计算过量空气系数（λ）的数值；发动机从高怠速降至怠速状态15 s后，读取30 s内的平均值即为怠速污染物测量结果。排放限值见表4-2。

表4-2　双怠速法检验排气污染物排放限值

类别	怠速		高怠速	
	CO/%	HC/10^{-6}	CO/%	HC[1]/10^{-6}
限值 a	0.6	80	0.3	50
限值 b	0.4	40	0.3	30
[1]对以天然气为燃料的点燃式发动机汽车，该项目为推荐性要求。				

（4）稳态工况法

车辆在底盘测功机上进行稳态工况法的测试，测试循环由ASM5025和ASM2540两个工况组成，如图4-1所示。ASM5025工况即预热后的车辆在底盘测功机上以25 km/h的速度稳定运行，ASM2540工况即预热后的车辆在底盘测功机上以 40 km/h 的速度稳定运行。在两个工况下，分别按照标准规定的试验程序进行试验，排放限值见表 4-3。

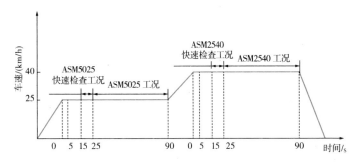

图 4-1 稳态工况法测试运转循环

表 4-3 稳态工况法排气污染物排放限值

类别	ASM5025			ASM2540		
	CO/%	HC[(1)]/10^{-6}	NO/10^{-6}	CO/%	HC[(1)]/10^{-6}	NO/10^{-6}
限值 a	0.50	90	700	0.40	80	650
限值 b	0.35	47	420	0.30	44	390
[(1)] 对于装用天然气为燃料的点燃式发动机汽车，该项目为推荐性要求。						

（5）简易瞬态工况法

车辆在底盘测功机上进行简易瞬态工况法测试，整个测试循环约 195 s，分为怠速、加速、减速、等速几个阶段，具体测试循环详见标准。在整个测试循环中，排放测量系统应能够逐秒测量并记录稀释排气的 HC、CO、CO_2 和 NO_x 浓度，测试结束后进行污染物排放量的计算并记录。排放限值见表 4-4。

表 4-4　简易瞬态工况法排气污染物排放限值

类别	CO/（g/km）	HC[(1)]/（g/km）	NO_x/（g/km）
限值 a	8.0	1.6	1.3
限值 b	5.0	1.0	0.7
[(1)] 对于装用天然气为燃料的点燃式发动机汽车，该项目为推荐性要求。			

（6）瞬态工况法

车辆在底盘测功机上，确保车辆横向稳定，驱动轮胎干燥防滑，然后按照标准规定的瞬态循环进行瞬态工况法测试，测试循环持续 195 s。在整个测试循环中，排放测量系统应能够逐秒测量并记录稀释排气的 HC、CO、CO_2 和 NO_x 浓度，测试结束后按照规定进行污染物排放量的计算并记录。排放限值见表 4-5。

表 4-5　瞬态工况法排气污染物排放限值

类别	CO/（g/km）	HC+NO_x/（g/km）
限值 a	3.5	1.5
限值 b	2.8	1.2

（二）柴油车标准

《柴油车污染物排放限值及测量方法（自由加速法及加载减速法）》（GB 3847—2018）

1. 适用范围

本标准适用于柴油车污染物排放控制，包括新生产汽车下线检验、注册登记检验和在用汽车检验。本标准也适用于其他装用压燃式发动机的汽车。不适用于低速货车和三轮汽车。

2. 实施时间

本标准自 2019 年 5 月 1 日开始实施。对全国柴油车进行的环保定期检验，应采用本标准规定的加载减速法进行，无法使用加载减速法检测的除外。

新生产汽车下线检验自 2019 年 11 月 1 日起实施。

注册登记、在用汽车 OBD 检查和氮氧化物测试自 2019 年 5 月 1 日起仅检查并报告，自 2019 年 11 月 1 日起实施。

3. 检验要求、排放测试及限值要求

本标准是对 GB 3847—2005 的修订，规定了在用柴油车和新车污染物测量方法和排放限值、OBD 查验、外观检验等内容（见表 4-6）。

表 4-6　新车及在用车检测项目

检验项目	新生产汽车下线	进口车入境	注册登记[1]	在用汽车[1]
外观检验（含污染控制装置和随车清单核查）	进行	进行	进行	进行[2]
车载诊断系统（OBD）检查	进行	进行	进行	进行[3]
排气污染物检测	抽测[4]	抽测[4]	进行	进行[5]

[1] 符合免检规定的车辆，按照免检相关规定进行。
[2] 查验污染物控制装置是否完好。
[3] 适用于装有 OBD 的车辆。
[4] 混合动力汽车的污染物排放抽测应在最大消耗模式下进行。
[5] 变更登记、转移登记检验按有关规定进行。

（1）外观检验

对曲轴箱通风系统、燃油蒸发控制系统、发动机排气管、排气消声器和排气后处理装置的外观及安装紧固部位进行外观检验，注册、转移等登记检验时，应按照随车清单对污染控制装置进行查验核对。环保定期检验时，要查看污染控制装置是否完好。外观检验内容应实时录入检测系统。

（2）OBD 检查

考虑到目前 OBD 扫描仪的现状，OBD 检查内容将分两阶段实施。第一阶段为人工扫描和记录阶段，用OBD扫描仪扫描后，人工连接到电脑读取和记录扫描结果。第二阶段为自动传输阶段，将OBD扫描仪放置尾气检测线上，连接车辆OBD接口，OBD扫描仪扫描内容自动传输检测主控机，主控机检测软件自动记录和判定。检验项目包括：故障指示器状态，并使用OBD诊断仪查看故障代码、故障里程和就绪状态值。

（3）自由加速试验不透光烟度法

使用不透光烟度计，对整车进行检测。在试验开始前，车辆应充分预热，在每个自由加速循环的开始点均处于怠速状态。对重型车用发动机，将油门踏板放开后至少等待10 s。在进行自由加速测量时，必须在1 s内将油门踏板快速但不猛烈、连续地完全踩到底，使供油系统在最短时间内供给最大油量。对每一个自由加速测量，在松开油门踏板前，发动机必须达到断油点转速。对使用自动变速箱的车辆，则应达到发动机额定转速（如果无法达到，则不应小于额定转速的2/3）。

计算结果取最后3次自由加速烟度测量结果的算术平均值，在计算均值时可以忽略与测量均值相差很大的测量值。排放限值见表4-7。

表 4-7　在用汽车和注册登记排放检验排放限值

类别	自由加速法	加载减速法		林格曼黑度法
	光吸收系数 /m^{-1} 或不透光度 /%	光吸收系数[1] /m^{-1} 或不透光度 /%	氮氧化物[2] / 10^{-6}	林格曼黑度 / 级
限值 a	1.2（40）	1.2（40）	1 500	1
限值 b	0.7（26）	0.7（26）	900	

[1] 在海拔高于 1 500 m 的地区，加载减速法可以按照每增加 1 000 m 增加 0.25 m^{-1} 的幅度调整，总调整不得超过 0.75 m^{-1}。
[2] 2020 年 7 月 1 日前限值 b 过渡限值为 1 200 × 10^{-6}。

（4）加载减速试验

加载减速工况法（即 LugDown 法）是针对柴油货车行驶状况设计的一种排气检测方法。将处于正常状态的车辆放置在底盘测功机转鼓上，通过底盘测功机加载模拟车辆在道路上的高负荷运行工况，按照标准规定的试验规程测量车辆的最大轮边功率，并将车辆稳定在最大轮边功率对应的转鼓线速度（VelMaxHP）值的 100% 和 80% 两个工况点，测量其排气光吸收系数、氮氧化物的值。将不同工况点的测量结果都与排放限值进行比较。若修正后的最大轮边功率低于发动机额定功率的 50%，或者测得的排气光吸收系数 k 或 NO$_x$ 超过了标准规定的限值，均判断该车的排放不合格。排放限值见表 4-7。

（三）在用柴油车遥感检测标准

《在用柴油车排气污染物测量方法及技术要求（遥感检测法）》（HJ 845—2017）

1. 适用范围

本标准规定了利用遥感检测法实时检测在实际道路上行驶柴油车的排气污染物的排放测量方法、仪器安装要求、结果判定原则和排放限值。适用于固定式遥感检测和移动式遥感检测。适用于 GB/T 15089 规定的 M 类和 N 类装用压燃式发动机的汽车。

2. 实施时间

本标准自 2017 年 7 月 27 日起实施。

3. 排放测试及限值要求

遥感检测设备分为垂直固定式、水平固定式和移动式，应配置有卫星定位系统，以获取遥感测试地点的地理位置信息。测量地点应为视野良好且路面平整的长上坡道路，并且需要满足标准规定的天气条件才可以进行测量。在遥感测量地点，每经过一辆车，不论是否获得有效排放数据，测量系统均生成一个记录，每个记录都需要赋予特定的序列号作为检测记录编号。每条记录至少包括了以下信息：检测地点、人员、日期、检测设备等参数、环境参数、每辆测试车辆的排放结果、车辆信息等以及系统的自动校准和检查数据记录。

连续两次及以上同种污染物检测结果超过表4-8的排放限值，且测量时间间隔在6个月内，则判定受检车辆排放不合格。装用压燃式发动机的汽车污染物排放限值见表4-8。

表4-8 遥感检测污染物限值

	不透光度/%	林格曼黑度/级	NO[1]
限值	30	1	$1\,500 \times 10^{-6}$
[1] NO限值仅用于筛查高排放车。			

（四）农用运输车标准

《农用运输车自由加速烟度排放限值及测量方法》（GB 18322—2002）

1. 适用范围

本标准适用于农用运输车的型式认证、生产一致性检查和在用车检查试验。

2. 实施时间

本标准自2002年7月1日起实施。

3. 排放测试及限值要求

使用滤纸式烟度计，对农用运输车进行检测。在进行自由加速测量时，必须在1 s内将油门踏板快速但不猛烈、连续地完全踩到底，使供油系统在最短时间内供给最大油量，连续运行至少 6 次上述工况。取最后 3 次连续循环的测量结果，其算术平均值即为所测烟度值。

连续 3 次测量结果的算术平均值不超过对应的排放限值则为合格。排放限值见表 4-9、表 4-10、表 4-11。

表 4-9　型式认证试验排放限值

实施阶段	实施日期	烟度值 Rb	
		装用单缸柴油机	装用多缸柴油机
1	2002-10-01—2003-12-31	4.5	3.5
2	2004-01-01 起	4.5	3.0

表 4-10　生产一致性检查试验排放限值

实施阶段	实施日期	烟度值 Rb	
		装用单缸柴油机	装用多缸柴油机
1	2003-07-01—2004-06-30	5.0	4.0
2	2004-07-01 起	4.5	3.5

表 4-11　在用车检查试验排放限值

实施阶段	实施日期	烟度值 Rb	
		装用单缸柴油机	装用多缸柴油机
1	2002-07-01 前生产	6.0	4.5

续表

实施阶段	实施日期	烟度值 Rb	
		装用单缸柴油机	装用多缸柴油机
2	2002-07-01—2004-06-30 生产	5.5	4.5
3	2004-07-01 起生产	5.0	4.0
进入城镇建成区的在用农用运输车⁽¹⁾	2002-07-01—2004-06-30	4.5	
	2004-07-01 起	4.0	

(1) 实施限值的城镇范围由省级人民政府决定。

二、摩托车在用车排放标准

(一)摩托车和轻便摩托车双怠速法标准

《摩托车和轻便摩托车排气污染物排放限值及测量方法(双怠速法)》(GB 14621—2011)

1. 适用范围

本标准适用于装有点燃式发动机的摩托车和轻便摩托车的型式核准、生产一致性检查和在用车的排气污染物检查。

2. 实施时间

本标准自 2011 年 10 月 1 日起实施。

3. 排放测试及限值要求

按照标准规定要求对车辆进行预热，并且在车辆预热10 min 内进行高怠速、怠速排放测试，按照标准要求将排气引入测量管路。高怠速状态排气污染物的测量：发动机从怠速状态加速至 70% 的发动机最大净功率转速，运转10 s 后降至高怠速状态；维持高怠速工况，将取样探头插入接管，保证插入深度不少于 400 mm，维持 15 s 后，读取 30 s 内的平均值即为高怠速污染物测量结果。怠速状态排气污染物的测量：发动机从高怠速状态降至怠速状态，维持 15 s 后，读取 30 s 内的平均值即为怠速污染物测量结果。排放限值见表 4-12。

表 4-12　双怠速法在用车排放限值

实施要求和日期	工况			
	怠速工况		高怠速工况	
	CO/%	HC/10^{-6}	CO/%	HC/10^{-6}
2003 年 7 月 1 日前生产的摩托车和轻便摩托车（二冲程）	4.5	8 000	—	—
2003 年 7 月 1 日前生产的摩托车和轻便摩托车（四冲程）	4.5	2 200	—	—
2003 年 7 月 1 日起生产的摩托车和轻便摩托车（二冲程）	4.5	4 500	—	—

续表

实施要求和日期	工况			
	怠速工况		高怠速工况	
	CO/%	HC/10^{-6}	CO/%	HC/10^{-6}
2003 年 7 月 1 日起生产的摩托车和轻便摩托车（四冲程）	4.5	1 200	——	——
2010 年 7 月 1 日起生产的两轮摩托车和两轮轻便摩托车	3.0	400	3.0	400
2011 年 7 月 1 日起生产的三轮摩托车和三轮轻便摩托车				

注：1. HC 体积分数按正己烷当量计；
　　2. 污染物浓度为体积分数。

（二）摩托车和轻便摩托车排气烟度标准

《摩托车和轻便摩托车排气烟度排放限值及测量方法》（GB 19758—2005）

1. 适用范围

本标准适用于摩托车和轻便摩托车型式核准、生产一致性检查和在用车排放状况检查试验。

2. 实施时间

本标准自 2005 年 7 月 1 日起实施。

3. 排放测试及限值要求

本试验首先消除黏附在发动机和消声器内表面上的沉积物对排烟的影响；然后松开油门，关闭冷却风，并使摩托车和轻便摩托车怠速运行 300 s（如车辆带离合器，应使之结合，使变速挡位处于 I 挡）；再迅速使油门全开，持续至 2 s 后立即松开油门，减速至怠速共 32 s 为一个循环。记录不透光度及发动机转速的最大峰值。记录不透光度的变化曲线，用转速表测量发动机转速；重复测量过程，共运行 15 个循环，取后 5 个循环的测量峰值的平均值为摩托车和轻便摩托车排气烟度排放测量值。急加速法测量时排气烟度排放限值见表 4-13。

表 4-13 排气烟度排放限值

排放试验类别		排放限值 N/%
型式核准		15
生产一致性检查		
在用车排放检查	2006 年 7 月 1 日起生产的车辆	30
	2006 年 7 月 1 日前生产的车辆	40

三、非道路移动源在用车排放标准

非道路移动机械在用车标准

《非道路柴油移动机械排气烟度限值及测量方法》

（GB 36886—2018）

1. 适用范围

本标准适用于在用非道路柴油移动机械和车载柴油机设备的排气烟度检验。新生产和进口非道路柴油移动机械的排气烟度检查参照使用。

本标准适用于以下（包括但不限于）装用在非恒定转速下工作的柴油机的非道路柴油移动机械：工程机械（包括装载机、挖掘机、推土机、压路机、沥青摊铺机、叉车、非公路用卡车等）、农业机械、林业机械、材料装卸机械、工业钻探设备、雪犁装备、机场地勤设备。

本标准适用于以下（包括但不限于）装用在恒定转速下工作的柴油机的非道路柴油移动机械：空气压缩机、发电机组、渔业机械、水泵。

2. 实施时间

本标准自 2018 年 12 月 1 日起实施。

3. 排放测试及限值要求

现场根据受检机械装置的实际工作状态确定加载方法，在机械装置连续正常工作过程中（例如，装载机从铲土到装载完毕的全过程），测量非道路柴油移动机械的排气烟度。

在非道路柴油移动机械不具备加载条件的情况下，可采用 GB 3847 描述的自由加速法进行烟度测量，即在 1 s

时间内，将油门踏板快速、连续但不粗暴地完全踩到底，使喷油泵供给最大油量。在松开油门踏板前，发动机应达到断油点转速（手动或其他方式控制供油量的发动机采用类似方法操作），在此过程中进行烟度测量。排放烟度限值见表4-14。

表4-14　排气烟度限值

类别	额定净功率 P_{max}/kW	光吸收系数 /m^{-1}	林格曼黑度级 / 级
Ⅰ类	$P_{max}<19$	3.00	1
	$19 \leqslant P_{max}<37$	2.00	
	$37 \leqslant P_{max} \leqslant 560$	1.61	
Ⅱ类	$P_{max}<19$	2.00	1
	$19 \leqslant P_{max}<37$	1.00	1
	$P_{max} \geqslant 37$	0.80	
Ⅲ类	$P_{max} \geqslant 37$	0.50	1
	$P_{max}<37$	0.80	

注：1. GB 20891—2007 第二及以前阶段排放标准的非道路柴油移动机械，执行表中的Ⅰ类限值。

2. GB 20891—2014 第三及以后阶段排放标准的非道路柴油移动机械，执行表中的Ⅱ类限值。

3. 城市人民政府可以根据大气环境质量状况，划定并公布禁止使用高排放非道路柴油移动机械的区域，限定区域内可选择执行表中的非道路柴油移动机械烟度排放的Ⅲ类限值。

4. 在海拔高于1 700 m地区使用的各类非道路柴油移动机械的排气不透光烟度（光吸收系数）限值应在表中限值基础上增加 0.25 m^{-1}。

第五章　移动源噪声标准

一、汽车

（一）汽车加速行驶噪声标准

《汽车加速行驶车外噪声限值及测量方法》（GB 1495—2002）

1. 适用范围

本标准适用于 M 类和 N 类汽车。

2. 实施时间

2002 年 10 月 1 日至 2004 年 12 月 30 日生产的汽车执行第一阶段限值；自 2005 年 1 月 1 日以后生产的汽车执行第二阶段限值。

3. 噪声测试及限值要求

测试应在符合要求的气象条件和背景噪声情况下进行，测量场地应满足一定的声场要求。测量使用仪器应满足相应标准的要求。汽车应以规定的挡位和速度要求，直线加速行驶通过测量区，并尽可能接近中心线。在汽车每一侧至少应测量 4 次。如果在汽车同侧连续 4 次测量结果相差不大于 2 dB（A），则认为测量结果有效。汽车加速行驶车外噪声限值见表 5-1。

表 5-1　汽车加速行驶车外噪声限值

汽车分类	噪声限值 /dB（A）	
	第一阶段	第二阶段
	2002-10-01—2004-12-30 生产的汽车	2005-01-01 以后 生产的汽车
M_1	77	74
M_2（GVM ≤ 3.5 t），或 N_1（GVM ≤ 3.5 t）； GVM ≤ 2 t 2 t < GVM ≤ 3.5 t	78 79	76 77
M_2（3.5 t < GVM ≤ 5 t）， 和 / 或 M_3（GVM > 5 t）； P < 150 kW P ≥ 150 kW	82 85	80 83
N_2（3.5 t < GVM ≤ 12 t）， 或 N_3（GVM > 12 t）； P < 75 kW 75 kW ≤ P < 150 kW P ≥ 150 kW	83 86 88	81 83 84

注：a）M_1、M_2（GVM ≤ 3.5 t）和 N_1 类汽车装用直喷式柴油机，其限值
　　　增加 1dB（A）。
b）对于越野汽车，其 GVM > 2 t 时：
　　如果 P < 150 kW，其限值增加 1 dB（A）；
　　如果 P ≥ 150 kW，其限值增加 2 dB（A）。
c）M_1 类汽车，若其变速器前进挡多于 4 个，P > 140 kW，P/GVM 大于
　　75 kW/t，并且用第三挡测试时其尾端出线的速度大于 61 km/h，则其限
　　值增加 1 dB（A）。
d）表中符号的意义如下：GVM 为最大总质量；P 为发动机额定功率。

（二）汽车定置噪声标准

《汽车定置噪声限值 》（ GB 16170—1996 ）

1. 适用范围

本标准适用于城市道路允许行驶的在用汽车。

2. 实施时间

本标准自 1997 年 1 月 1 日起实施。

3. 噪声测试及限值要求

测试应在符合要求的气象条件和背景噪声情况下进行，测量场地应满足一定的声场要求。测量使用仪器应满足相应标准的要求。车辆位于测量场地的中央，变速器挂空挡，拉紧手制动器，离合器接合。没有空挡位置的摩托车，其后轮应架空。测量时，发动机稳定在规定转速，测量由稳定转速尽快减速到怠速过程的噪声，然后记录下最高声级。汽车定置噪声限值见表 5-2。

表 5-2　汽车定置噪声限值　单位：dB（A）

车辆类型	燃料种类	车辆出厂日期	
		1998 年 1 月 1 日前	1998 年 1 月 1 日起
轿车	汽油	87	85
微型客车、货车	汽油	90	88

续表

车辆类型	燃料种类		车辆出厂日期	
			1998 年 1 月 1 日前	1998 年 1 月 1 日起
轻型客车、货车，越野车	汽油	$n_r \leq 4\,300\,\text{r/min}$	94	92
		$n_r > 4\,300\,\text{r/min}$	97	95
	柴油		100	98
中型客车、货车，大型客车	汽油		97	95
	柴油		103	101
重型货车	$N \leq 147\,\text{kW}$		101	99
	$N > 147\,\text{kW}$		105	103
注：N——按生产厂家规定的额定功率。				

（三）三轮汽车和低速货车加速行驶车外噪声标准

《三轮汽车和低速货车加速行驶车外噪声限值及测量方法（中国Ⅰ、Ⅱ阶段）》（GB 19757—2005）

1. 适用范围

本标准适用于三轮汽车和低速货车的型式核准和生产一致性检查。

2. 实施时间

本标准自 2005 年 7 月 1 日起实施。

3. 噪声测试及限值要求

测试应在符合要求的气象条件和背景噪声情况下进行，测量场地应满足一定的声场要求。

被测三轮汽车或低速货车应以规定的挡位和速度行驶通过测试区域，同时读取并记录三轮汽车或低速货车通过测试区时声级计的最大读数。

在三轮汽车或低速货车每一侧至少测量 4 次。如果在同一侧连续 4 次测量值相差不大于 2 dB（A），则认为测量结果有效，否则应重新进行测量。三轮汽车或低速货车加速行驶车外噪声限值见表 5-3。

表 5-3　三轮汽车或低速货车加速行驶车外噪声限值

试验性质	实施阶段	噪声限值 /dB（A）	
		装多缸柴油机的低速货车	三轮汽车及装单缸柴油机的低速货车
型式核准	第Ⅰ阶段	≤ 83	≤ 84
	第Ⅱ阶段	≤ 81	≤ 82
生产一致性检查	第Ⅰ阶段	≤ 84	≤ 85
	第Ⅱ阶段	≤ 82	≤ 83

二、摩托车

（一）摩托车和轻便摩托车加速行驶噪声标准

《摩托车和轻便摩托车加速行驶噪声限值及测量方法》

（GB 16169—2005）

1. 适用范围

本标准适用于摩托车和轻便摩托车的型式核准和生产一致性检查。

2. 实施时间

本标准自 2005 年 7 月 1 日起实施。

3. 噪声测试及限值要求

测试应在符合要求的气象条件和背景噪声情况下进行，测量场地应满足一定的声场要求。受试车应以规定的挡位和车速行驶通过测试区。同样的测量往返进行，受试车每侧至少测量 2 次。每次取受试车驶过时声级计的最大读数。受试车同侧连续 2 次测量结果之差不应超过 2 dB（A），否则测量值无效。

摩托车型式核准试验加速行驶噪声限值见表 5-4，轻便摩托车型式核准试验加速行驶噪声限值见表 5-5。

表 5-4　摩托车型式核准试验加速行驶噪声限值

发动机排量 V_h /ml	噪声限值 /dB（A）			
	第一阶段		第二阶段	
	2005 年 7 月 1 日前		2005 年 7 月 1 日起	
	两轮摩托车	三轮摩托车	两轮摩托车	三轮摩托车
$50 < V_h \leq 80$	77		75	
$80 < V_h \leq 175$	80	82	77	80
$V_h > 175$	82		80	

表 5-5　轻便摩托车型式核准试验加速行驶噪声限值

设计最高车速 V_m /（km/h）	噪声限值 /dB（A）			
	第一阶段		第二阶段	
	2005 年 7 月 1 日前		2005 年 7 月 1 日起	
	两轮摩托车	三轮摩托车	两轮摩托车	三轮摩托车
$25 < V_m \leqslant 50$	73	76	71	76
$V_m \leqslant 25$	70		66	

各阶段摩托车（含轻便摩托车）生产一致性检查试验加速行驶噪声限值比型式核准试验加速行驶噪声限值高1 dB（A），并且生产一致性检查试验的实测噪声值不得高于型式核准试验的实测噪声值加 3 dB（A）。

（二）摩托车和轻便摩托车定置噪声标准

《摩托车和轻便摩托车定置噪声排放限值及测量方法》（GB 4569—2005）

1. 适用范围

本标准适用于在用摩托车和轻便摩托车。

2. 实施时间

本标准自 2005 年 7 月 1 日起实施。

3. 噪声测试及限值要求

测试应在符合要求的气象条件和背景噪声情况下进行，测量场地应满足一定的声场要求。受试车变速器挂空挡，离合器啮合，驾驶员处于正常驾驶状态，后轮不能架空。如果没有空挡，可将驱动轮架空，使驱动轮可以在无负荷状态下运转。发动机稳定在指定转速后，测量由稳定转速尽快减速到怠速过程的声级。测量的时间范围应包括一小段发动机等速运行及全部减速的过程。

　　在每一个测量位置重复试验，每次取声级计最大测量值，取连续 3 次测量值中的最大值作为测量结果。3 次测量值相互之差不应超过 2 dB（A），否则测量结果无效。受试车装有两个或两个以上的消声器，取各测点噪声级的最大测量值作为测量结果。测量值按 GB/T 5378 的要求修约到整数位。摩托车和轻便摩托车定置噪声排放限值见表 5-6。

表 5-6　摩托车和轻便摩托车定置噪声排放限值

发动机排量 V_h /ml	噪声限值 /dB（A）	
	第一阶段	第二阶段
	2005 年 7 月 1 日前生产的摩托车和轻便摩托车	2005 年 7 月 1 日起生产的摩托车和轻便摩托车
$V_h \leq 50$	85	83
$50 < V_h \leq 125$	90	88
$V_h > 125$	94	92